在家也能做的星厨料理

方太 著

中国轻工业出版社

本书全部菜谱均已纳入方太智能设备，省时省力，

在家便可一键轻松烹饪；亦可远程操控，让烹饪状

态分秒可查。

方太想要带给您的，不止于卓越的厨电产品，更有

精致优雅的生活方式和幸福生命的能量，是和我们

一起在平淡的生活里不断找到新鲜的味觉。

烹一碗人间烟火
听一曲高山流水

国际名厨　梁子庚

正如诺贝尔奖之于学界，奥斯卡奖之于电影界，米其林星级餐厅厨师的料理在美食界，恰似王冠上最耀眼的宝石，代表着无上的荣誉与尊贵。

主厨和餐厅一起摘得的每一颗星星，既是对精确把握食材、追求极致美味的褒奖，也是授予每一位技艺精湛、创意独特的顶级厨师的勋章。

然而，平凡如你我，囿于生活之围，也许并非都有机会一尝星级臻馐。但借由这本方太与米其林星级餐厅厨师携手打造的菜谱，我们不仅可以领略食物的魅力，探寻其背后的故事和精神，更能通过四位"星厨"的分享，掌握33道米其林美食的居家烹饪技巧，随时随地开启舌尖上的奢享之旅。

同时，书中所呈现的一丝不苟的食材甄选、无与伦比的料理艺术、精益求精的匠心内核，也为美食界探索高标准的饮食体验、树立行业新标杆提供了启迪和借鉴。

"人间烟火气，最抚凡人心"，方太和米其林星级餐厅主厨们的相遇，是东方与西方的交融、科学与美食的碰撞，数字与艺术的邂逅，如同伯牙与子期"高山流水觅知音"，共同演绎一曲曲三餐四季、五味六膳，于人间烟火之中，安抚世人的忙碌身心；亦传递热爱与赤诚，蕴积滋养和创造，成为推动中国厨电业一路高歌，走向世界的序章。

现在，诚邀您一起品味！

理想的厨房

方太幸福家主理人　王俊

如果说餐桌是美食的秀场，那么厨房便是举足轻重的排演场。

从果腹到享受，人类对食物的孜孜以求，也推动着厨房器具的不断演进。

在长达数百万年的旧石器时代，尚处于童年期的人类依靠"烧烤"和"石烹"这两种原始的方式生存繁衍。直至距今一万多年前，陶器的出现终于让先民拥有了专用于烹食的炉灶和炊具。此后，厨具传承创新、迭代蜕变，在历史长卷中以自己的语言书写人类饮食文化的发展史。

时间来到今天，以人工智能、大数据、物联网为标志的第四次工业革命方兴未艾，"智能风"也同样吹进了厨房。

语音助手解放忙碌的双手，内嵌智能菜谱实现自动烹饪，远程操控让我们可以随时随地烹享美味，甚至烹饪过程也能被拍摄和社交分享……智能厨电让每个囿于昼夜、厨房与爱的人，摆脱择菜洗碗、油烟煳锅的现实窘境，实现对温暖和美食的浪漫想象。

同时，打破专业烹饪和居家烹饪的壁垒，从智能产品应用到美食菜谱升级，方太智能菜谱将数字创新、人性设计、节能环保、多元功能、远程控制、专业烹饪等凝成合力，推动中国厨电业步入"一切皆有可能"的"新食器时代"。

这一切可能中，在家享受米其林星级餐厅厨师的手艺便是其中之一。此书集合四位米其林餐厅主厨的33道创意菜谱，并借方太智能厨电之力，将复杂的烹饪过程简化，实现每个都市生活家"居家打造星厨料理"的梦想。

有人说：家庭的黄金两小时，都发生在餐、厨之间。理想的厨房，是对话美好日常的空间，是感知生命热力的场域，是慰藉疲倦身心的暖房，愿你我都能在此开启永不落幕的人生盛飨。

健康品质美食
将生活带往更好的方向

健康饮食作家　陈珊珊（Tella）

作为方太的老朋友，很高兴能够有机会为方太新书写序。"方太幸福家"越办越好的同时，也将更多的品质生活可能性带入了家庭。

我一直认为，品质与健康是密不可分的，两者都代表着对自己的生活有要求，期待通过自己的投入和努力让自己的生活更上一层楼。我们都希望自己可以生活得更好，相信这是每一个人藏在心底的愿望。而如果你关注家庭，抑或你是一个注重自己生活品质的人，相信在你心中，厨房一定有其位置。

这不是说你的厨房手艺要有多出色，而是家中厨房代表的意义不同。因为它是一个你随时随地可以依靠的、动动手就让自己的生活丰盛且充满幸福感的地方。这里既可以是你简单复刻儿时味道的地方，也可以是你需要吃得安全和健康的最佳选择。在这里，既可以做高端大气的宴席菜，也可以简简单单煮个面、煎个蛋。让你拥有一切可能的，就是你的厨房。

作为一个健康饮食的践行者，我是不能没有家中厨房的。只有家中的厨房，才可以轻松做到菜色搭配均匀的同时又有效顾及健康，既可以让每个人吃得开心，又可以环保地做出每一餐，甚至为下一餐做出精巧的考量；也只有这样，才能轻松照顾到家中每一位的健康。在外食、外卖和冷冻即食品如此多的今天，添加剂和食品安全成为我们不得不讨论的餐桌话题，家里做的新鲜饭菜是健康生活的终极保障。

但在健康饮食之前，我首先是一名美食爱好者。我喜欢"摘星"，也极度享受在家中做大餐的感觉，因为家中氛围更轻松舒适。试想一下，这样的氛围再加上自己做的高品质饭菜，与爱人或其他家庭成员一起在节日里享用，没什么比这更舒心的了。

米其林星级餐厅主厨们的食谱将家庭餐上升到了另一个高度。如果你仔细研究，就会发现高级餐厅的食谱也大都健康合宜，这不仅体现在食材原料的选用上，也体现在烹饪的手法上，生活中品质和健康是相辅相成的。

祝你好胃口，也祝你由此实现品质美食生活自由。

目　录
Contents

传承不守旧
创新不忘本

厨德为先
厨艺为本

耐住寂寞
成就创新

回归料理本质
简单极致有力量

*书中菜品制作时间为烹饪时间，通常不含食材浸泡、冷藏、腌制等准备时间。

传承不守旧
创新不忘本

主厨：黄景辉

2023 广州米其林二星餐厅　江　❀❀

我是黄景辉，我从中国最南方，闯入中国最北方，而后走遍中国大地，潜心研究中国美食，最后重回广州，成为广州文华东方酒店中餐厅的行政主厨，并带领餐厅连续五年蝉联米其林二星。我用脚步丈量了中国，也拓宽了厨房的边界。中国八大菜系丰富独特，各成体系，应当取众家之长，将其融会贯通，方能有所创新。

厨师要海纳百川，不断学习、探索和适应时代的口味趋势。一个主厨三四十岁的时候可能会正当红，很抢手，有人高薪聘请，但终究，你会有"不红"的时候，要想办法继续红，或者转型成为经营者，生命曲线要往更高的方向延伸，创造自我价值，让价值最大化。

在这个高端食材并不稀缺的时代，米其林餐厅不仅要注重菜品的美味与创新，也要注重菜品所展现出来的人文关怀，食材、摆盘、餐具，无一不传递出主厨的烹饪理念。

对我来说，厨师就是烹饪艺术家，每个厨师都要有属于自己的符号和风格，就像书法家作品的笔锋、画家对明暗色彩的思考，只要一眼望去，就知道这是谁的风格。我希望当客人吃到某道菜的时候，也能很快意识到它是出自"辉师傅"之手。

我的原则是，"传承不守旧、创新不忘本"。入行三十年，我一直认真对待经手的每一道菜，以高要求、高标准成了"辉师傅"。于我而言，厨师总有下一道美食，人生总有下一个高峰，将美食进行到底，用智慧和科技开创无限可能。

如果说厨房是我施展智慧的隐秘空间，科技就是让我能尽情绽放光芒的绚丽舞台，唯一的规则是：重视产品细节，在乎消费者体验。唯有如此，才能不负人们对米其林美食的期待。

我设计了8道传统又兼具创新的美食，置入方太智能设备中，它能提供精准称重和控温，一步步指引操作，用智慧完美掌控火候、温度和味道，让我的经验走进千家万户，将米其林美食分享给热爱生活的人。

在行走中，用脚步丈量天地，知山高路远，拓宽厨房边界；在取众家之长中，传承不守旧，创新不忘本，成就食与美的盛宴；在未来的人生长河中，用科技突破自身局限，热情拥抱未来。这就是我的烹饪智慧。

2023 广州米其林二星餐厅　江 ❀❀

葱爆本港鲜鱿鱼

🕐 12分钟
👨‍🍳 3人份

主料

本港鱿鱼300克

辅料

蒜粒20克、姜片20克、葱段30克、红辣椒15克、淀粉3克、花生油30毫升

调料

蚝油11克、鸡饭老抽7毫升、鸡粉3克、生抽4毫升、白糖1克

Tips：

咸淡可根据个人口味进行调节。

扫码查看菜肴视频

操作
步骤

01.

鱿鱼清洗干净，切成2厘米宽的鱿鱼
圈，用厨房专用纸吸干水分备用。

02.

在碗中加入鱿鱼圈、蚝油、鸡饭老抽、
鸡粉、生抽和白糖，搅拌均匀，再放淀
粉，拌匀备用。

03.

大火热锅，锅热后加入花生油，下入蒜
粒和姜片，猛火煸炒1分钟。

广州人爱吃海鲜，更爱鱿鱼脆嫩的口感。这道葱爆本港鲜鱿鱼充分
发挥食材本味，鲜美爽口。

04.

加入腌制好的鱿鱼圈，猛火翻炒5分
30秒。

05.

再加入葱段和红辣椒，翻炒1分钟即可
关火。

06.

出锅装盘，即可享用。

2023 广州米其林二星餐厅　江 ❀❀

萝卜红焖牛坑腩

🕐 1小时58分钟

👨‍🍳 4人份

主料

牛坑腩1000克、白萝卜500克

调料

柱侯酱12克、海鲜酱10克、南乳10克、蚝油15克、冰糖3克、花生酱10克、生抽18毫升、鸡饭老抽20毫升

辅料

姜片25克、带皮蒜头15克、红辣椒干3克、红葱头25克、热水1000毫升、花生油20毫升、当归半片、八角1粒、陈皮1克、香叶2片、桂皮1克

Tips:

吃萝卜牛腩时，建议搭配辣椒蘸着吃，风味更佳！

扫码查看菜肴视频

操作
步骤

01.

白萝卜去皮，切成滚刀块备用，每块约重20克。

02.

牛腩切成4厘米见方的块。

03.

锅中加入牛坑腩块和1200毫升水，盖上锅盖，大火烧煮10分钟后取出，洗净，备用。

萝卜焖牛腩是冬天餐桌上的常客，用地道广式风味来制作这道家常菜，让菜肴更为鲜香入味。

04.

汤锅中加入焯好的牛腩、姜片、带皮蒜头、红辣椒干、红葱头、柱侯酱、海鲜酱、南乳、蚝油、冰糖、花生酱、生抽、鸡饭老抽、花生油、当归、八角、陈皮、香叶、桂皮和热水，搅拌均匀。

05.

盖上锅盖，大火煮沸后转小火，炖煮75分钟。

06.

加入白萝卜块，继续小火炖煮25分钟，即可出锅享用。

2023 广州米其林二星餐厅　江

清补凉老鸭煲
鲜鲍鱼汤

主料

老鸭（青头鸭）1只约800克、八头鲜鲍鱼6只

调料

盐10克

辅料

矿泉水1500毫升、姜片10克

清补凉食材

蜜枣1粒（约15克）、桂圆肉10克、党参25克、玉竹10克、当归2克、北芪10克、沙参10克、红枣20克、枸杞5克、薏米15克、芡实5克

Tips:

咸淡可根据个人口味调节。

扫码查看菜肴视频

操作
步骤

01.

将鸭子斩成宽2厘米，长6厘米的块。
鲜鲍鱼原只连壳刷洗干净备用。

02.

将鸭肉和鲍鱼放入锅中，放入姜片，大
火焯水10分钟后，捞出食材，洗干净
备用。

03.

净锅中加入焯好的老鸭，再加入清补凉
食材和矿泉水。

在两广地区，"清补凉"是夏天清热祛湿的老火汤。而老鸭和鲍鱼的搭配更能着重体现一个"鲜"字。暑热之时来一碗"清补凉"，可有清肝明目、滋阴补肾的功效。

04.

盖上锅盖，中火炖煮2小时。

05.

加入焯好水的鲍鱼（带壳）。

06.

盖上锅盖，中火炖煮15分钟，烹饪结束后加入盐调味即可。

2023 广州米其林二星餐厅 江

鲜沙姜生焗
文昌鸡

⏱ 42分钟
🍽 4人份

主料

光鸡（海南文昌鸡）1只（约1250克）

辅料

花生油80毫升、鲜沙姜300克（拍散）、清水130毫升、香叶2片、小葱2根

调料

盐22克、盐焗鸡粉20克、鸡粉5克、鸡汁10克、沙姜粉6克、生抽50毫升、花雕酒30毫升、鸡饭老抽80毫升

Tips:

1. 焗好的鸡可以用刀切开，或者用大力剪刀剪开，现剪现吃。
2. 腌制时一定用力抓5分钟，让鲜沙姜出味。
3. 腌制完成的鸡，一定要将腌料清理干净，避免味道过咸。

扫码查看菜肴视频

操作
步骤

01.

将文昌鸡清洗净，沥干水分。在碗中加入香叶、盐、100克鲜沙姜、盐焗鸡粉、鸡粉、鸡汁、小葱、沙姜粉、生抽、花雕酒和50毫升鸡饭老抽，拌匀后，均匀地抹擦在鸡的全身内外。

02.

腌制4小时后，用手沾湿水，将鸡身里外的腌料物清理干净备用。

03.

取锅加入花生油、200克鲜沙姜、2克盐和清水。

这道菜的亮点在于色香味俱全，皮色红亮，香气诱人，鸡肉鲜嫩多汁。

04.

将腌好的鸡平铺在锅内，加水，盖上锅盖，中火焖28分钟。

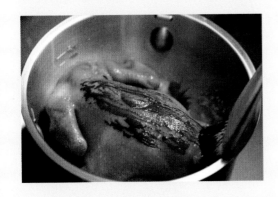

05.

结束后打开锅盖，用油刷将剩余的鸡饭老抽均匀地刷遍鸡全身上色，再把锅底的油淋在鸡身上，增加亮度和色泽，让菜肴更能激发食欲。

06.

烹饪结束，将焗好的文昌鸡用剪刀剪开即可享用。

2023 广州米其林二星餐厅　江 ❀❀

香菇土鱿焖猪手

🕐 1小时18分钟

🍴 3人份

主料

猪手1000克

辅料

干鱿鱼40克、带皮大蒜80克、干小香菇100克（约20只）、水800毫升、花生油100毫升

调料

生抽70毫升、鸡饭老抽20毫升

Tips:

1. 咸淡可根据个人口味进行调节。

2. 可根据个人喜好的口感软烂程度，来确定烹饪时间的长短。

扫码查看菜看视频

操作
步骤

01.

香菇用温水浸泡15分钟，泡发好备用。

02.

将原只猪手剖开两边后，斩成4厘米宽的块。

03.

干鱿鱼每块剪成宽1厘米，长5厘米的条备用。

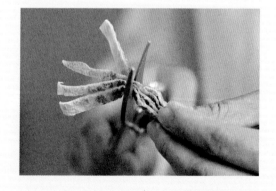

猪手富含胶原蛋白，搭配上干鱿鱼和干香菇一同炖煮，更是别具粤式风味。

04.

炖锅中加入猪手、带皮大蒜、干鱿鱼、小香菇、生抽、花生油、鸡饭老抽和水。

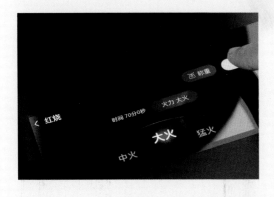

05.

盖上锅盖，大火煮至沸腾后，转小火炖煮70分钟。

06.

烹饪结束，出锅即可享用。

2023 广州米其林二星餐厅　江 ❀❀

油醋汁剁肉饼
蒸和乐蟹

⏱ 21分钟

👨‍🍳 4人份

主料

猪五花肉250克、和乐蟹2只（共500克）

调料

陈醋12毫升、蒸鱼酱油12毫升、盐2克、鸡粉3克、白砂糖9克

辅料

香菇25克、马蹄25克、菜脯7克、葱花3克、鸡蛋清10克、生粉4克、花生油50毫升

Tips:

1. 五花肉做的肉饼厚度尽可能按压在1厘米以内。

2. 油醋汁沿盘子边缘倒入。

扫码查看菜肴视频

操作
步骤

01.

将猪五花肉、香菇、马蹄分别切成玉米
粒大小备用，菜脯切成小粒备用。

02.

将切好的五花肉、香菇、马蹄、菜脯放
入碗中，再加入盐、2克鸡粉、1克白
砂糖、2克生粉、鸡蛋清和葱花，沿一
个方向用力搅拌均匀至黏稠，备用。

03.

将和乐蟹宰杀好，将壳掀开，用刀将蟹
肉斩成八件，蟹钳用刀背拍裂开。加入
10毫升花生油、2克生粉、1克鸡粉，
一起拌均匀备用。

五花肉与马蹄、香菇打底，搭配上鲜美多汁的和乐蟹，各种鲜味融合在一起，妙不可言。

04.

将调好味的肉馅放入圆盘内，用手按压成圆饼状，厚度约1厘米。

05.

将蟹肉整齐摆放在肉饼上，再将蟹膏分别均匀涂在蟹肉上，盖上蟹壳。放入方太蒸烤箱的第2层，设置120℃，蒸9分钟。

06.

烹饪结束后取出，撒上葱花。锅内放30毫升花生油，烧热后浇在葱花上，原锅内有少许底油，放入陈醋和蒸鱼酱油制成的油醋汁加热一下，沿盘子边缘淋入即可。

章鱼莲子
煲洪湖莲藕

主料

龙骨（猪脊骨）400克、凤爪（鸡爪）200克、
洪湖莲藕500克

辅料

章鱼干50克、去心鲜莲子150克、姜片10
克、矿泉水1800毫升

调料

盐适量

Tips:

章鱼干含有盐分，故汤品未加入食盐；如觉得口味
偏淡，可根据个人口味添加盐量。

扫码查看菜肴视频

操作
步骤

01.

将章鱼干放入烤箱中，180℃烤5分钟。

02.

章鱼干烤香后取出，用剪刀剪成宽
2厘米、长5厘米的段。

03.

莲藕去皮，滚刀切成块，每块20克，
备用。

龙骨、凤爪和莲藕，都是需要悉心慢煮的食材，搭配上烤制得香味四溢的章鱼干、软糯可口的莲子，鲜美无比。

04.

锅中加入龙骨、凤爪、姜片和1000毫升水，盖上锅盖，大火档烧煮15分钟，结束后，取出食材洗净备用。

05.

汤锅中加入焯好的龙骨和凤爪、章鱼段、莲藕块和矿泉水，盖上锅盖，大火煮开后，转小火档炖煮2小时。

06.

炖煮至1小时45分时，加入去心鲜莲子，盖上锅盖，烹饪结束后，即可取出享用。

2023 广州米其林二星餐厅　江

陈皮豉蒜菜脯酱蒸黄鱼

🕐 27分钟

👨‍🍳 3人份

主料

黄鱼1条（约700克）

调料

蚝油2克、白砂糖3克、熬化猪油10毫升、味精1克、鸡粉1克、鸡饭老抽2毫升、盐2克、生抽40毫升

辅料

干豆豉10克、大蒜25克、姜末1克、陈皮3克、菜脯粒8克、花生油60毫升、葱花20克、淀粉1克

Tips:

1. 菜脯是广东、潮汕等地对萝卜干的称呼。

2. 酱油不要浇在鱼身上，沿盘子边缘浇入即可。

扫码查看菜肴视频

操作
步骤

01.

大蒜剁成蒜蓉，陈皮在清水中泡20分钟，切末，菜脯切细粒，干豆豉剁碎备用。

02.

锅内放入熬化的猪油，20毫升花生油，放入姜末，用小火爆香，倒入干豆豉煸香。

03.

接着放入蒜蓉，继续煸香，放入菜脯粒、蚝油、鸡饭老抽、白砂糖、味精和鸡粉炒拌均匀，放入陈皮末拌匀，陈皮豉蒜菜脯酱就制作完成了。

04.

黄鱼去鱼鳞，杀净，头尾留用，去除中骨，取两边鱼肉，改刀切成宽3厘米的鱼段。

这道菜的独特之处在于菜品中的陈皮豉蒜菜脯酱与黄鱼的完美搭配，让整道菜鲜而不腥。别具粤式风味的菜品，在家就能品尝。

05.

将黄鱼段用厨房纸巾吸干水分，用盐、淀粉和10毫升花生油拌均匀，备用。

06.

将黄鱼段按鱼的形状整齐码放在鱼盘中，头尾也摆放整齐，将陈皮豉蒜菜脯酱铺在鱼肉上。

07.

将水箱加满水，并将蒸烤架放入第2层，选择"蒸"功能，选择"普通蒸"，设置100℃，4分钟，预热完成后放入食材。

08.

烹饪结束，取出黄鱼，撒上葱花，淋上30毫升热花生油，再沿鱼盘边缘淋入20毫升生抽即可。

厨德为先
厨艺为本

主厨：石仲芬

2024 上海米其林二星餐厅　喜粤 8 号 🌸🌸

我是2024上海米其林二星餐厅喜粤8号的行政总厨，入行27年才逐渐形成了自己的美食理念：用寻常可见的食材，用心烹饪出不平凡的味道。

喜粤8号能连续摘得米其林星，一定不是因为幸运。没有从天而降的惊喜，只有保持着初心后的笃定。不合格的食材一律不用；刀工不精细的一律不烹饪；味道不正的一律不出后厨；温度和火候不恰当的一律不呈桌，是摘星的最大秘籍。

比如，老火靓汤的主料在下锅时一定要用冷水烧煮，且中途不能加水，否则蛋白质将难溶于汤。美食是一场科学与艺术的共舞，每一种手法都被精确计算过：大火模式一小时消耗两成汤，小火模式则每小时消耗十分之一。

食客走进餐厅，只是第一步，接下来的每分每秒，都要全力以赴。食客们的每一声轻喷，每一句满足的叹喟，都将成为下一次创新精进的参照。

中餐的传承，不是固守成规，而是敢于创新，让不同风格的中餐成为每个时代的注脚，才能在代代相传中让中餐的魅力经久不衰。

从喜粤8号摘得米其林二星的那一刻起，我便知道自己不仅是一名粤菜厨师，更是一名中餐的传承者，需要锲而不舍地探索不同食材的各种可能性，才能满足食客挑剔多变的味蕾。

比如，民间素有"一鸽胜九鸡"的说法，我在延

续传统的同时，大胆地为豉油皇乳鸽加入东南亚风味，在保持微甜咸鲜的底味基础上，用花雕酒和玫瑰露酒带来复合鲜香，并加入带有东南亚符号的香茅，让菜肴的香味层次更丰富。烹饪的温度和火候更是经过数百次锤炼，让食物的状态和口感达到最佳。

如今，美食已然成为治愈现代人的良药。美食所承载的也不再只是"吃饱"，而是要"吃好"，也意味着每个人对自己、对家人的爱与关怀。

幸运的是，在飞速发展的今天，科技缩短了人与美食的桥梁，只要将寻常的食材配备智能烹饪设备，通过智能科技对时间、火候、食材配比的精准掌控，人们不用手忙脚乱，就能在家实现米其林美食自由。

方太"Uchef"智能烹饪系统，将繁杂的烹饪过程大大简化，既能精准控制火候和时间，确保激发出食材最好的风味，又能提高效率节省时间，成功拉近普通人与米其林美食的距离。

从食材易采购、老少皆宜、适合家庭聚餐等角度出发，我精选了9道喜粤8号的招牌菜式，将菜谱置入方太集成烹饪中心智能设备中，让大家轻松享受美味、健康和烹饪乐趣。

坚守原则，让美食服务于人；大胆创新，将美食上升到了艺术的高度；拥抱科技，让美食进入每一个家庭单元。厨德为先、厨艺为本，让烹饪技艺代代传承。

2024 上海米其林二星餐厅　喜粤 8 号 ❀❀

传统盐焗鸡

🕐 50分钟
👨‍🍳 4人份

主料

三黄鸡1只（约1500克）

辅料

粗盐3000克

调料

盐焗鸡粉40克、盐10克、芝麻油50毫升

Tips：

1. 容器比较重，注意避免被高温烫伤，需要做好
   保护措施。

2. 除了砂锅，也可以使用其他耐高温的容器。

扫码查看菜肴视频

操作
步骤

01.

将盐焗鸡粉与盐拌匀，涂抹在整鸡
内外。

02.

将芝麻油淋在鸡身上，均匀涂抹。

03.

用油纸包裹住整个鸡身，建议包两层，
包裹时须一层一层来包，注意不要有
破损。

传统盐焗鸡是一道客家名菜，外表金黄、咸香诱人。

04.

取一只砂锅，倒入粗盐铺底，将包裹好的鸡放进去，再倒入剩余的粗盐，直至完全盖住鸡肉。

05.

将包裹好的鸡肉和容器一起放入烤箱，选择"环风烤"，设置230℃，60分钟。

06.

烹饪结束后取出，拨开表面的粗盐，撕开油纸，将鸡取出，切件，装盘即可。

2024 上海米其林二星餐厅　喜粤 8 号

广东啫啫鸡

⏰ 20分钟
👨‍🍳 2人份

主料

三黄鸡半只（约750克）

辅料

红葱头100克、大蒜100克、生姜段100克、
葱段20克、香菜段20克、淀粉20克

调料

盐5克、蚝油10毫升、白糖20克、鸡精5克、
花雕酒少许

Tips:

花雕酒主要起提香作用，也可以不放。

扫码查看菜肴视频

操作
步骤

01.

将三黄鸡切块，放入适当容器，建议用
大一点的碗。

02.

放入盐、白糖、鸡精、蚝油和淀粉，与
鸡肉搅拌均匀，静置5分钟待用。

03.

起锅烧油，将红葱头、大蒜、姜段炸至
金黄，捞出。

广东人爱吃鸡，不管是逢年过节还是家常饮食中，都少不了鸡。这道广东啫啫鸡通过食材配比的优化，大火烧煮，鸡肉鲜嫩不柴，口感更为独特。

04.

放入底层平铺（可用砂锅）。

05.

再将腌制好的鸡肉均匀地铺在炸好的辅料上。盖上锅盖，大火烧煮20分钟。

06.

出锅前沿锅边倒入少许花雕酒，放入葱段和香菜段，搅拌均匀即可出锅。

海鲜玉米羹

🕐 15分钟
👨‍🍳 4人份

主料

市售玉米羹1罐（约425克）

调料

盐2克、糖8克、鸡粉3克

辅料

水400毫升、水淀粉16毫升（6克淀粉加10毫升冷水化开）、鸡蛋1个（取蛋清）、虾仁5个、带子肉（鲜贝肉）1个，鱿鱼1条

Tips:

海鲜品种可以随自己喜好来调整。

扫码查看菜肴视频

操作
步骤

01.

将玉米羹用破壁机打至糊状，无大颗粒即可。

02.

将所有海鲜去皮、去壳，切丁备用。

03.

汤锅内加入400毫升水，大火煮至水沸。

鲜美的海鲜搭配玉米的鲜甜，羹汁粉浆稀薄均匀，稠而不黏。

04.

加入海鲜丁和玉米糊，搅拌均匀，煮沸之后加入盐、糖和鸡粉。

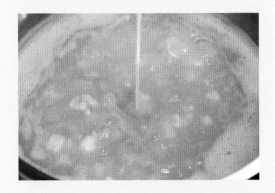

05.

之后将水淀粉搅拌均匀，缓慢倒入锅中，边加边用汤勺搅拌。

06.

待汤再次沸后，缓慢倒入蛋清，轻轻搅开，煮1分钟后即可出锅。

老陈皮百合山药炖银耳

🕐 90分钟

🍴 4人份

主料

鲜百合100克、鲜铁棍山药250克

辅料

干银耳10克（需提前泡发）、老陈皮5克、红枣5粒、枸杞10克、沸水1000毫升

调料

冰糖150克

Tips:

1. 给铁棍山药去皮切段时容易引起皮肤瘙痒，建议戴手套操作。
2. 银耳可以更换为雪梨，200克切丁，做法不变。

扫码查看菜肴视频

操作
步骤

01.

山药洗净去皮，切成约2厘米的段备用；红枣去核，切条备用；百合整颗洗净，掰开成片备用；银耳用凉水泡发，撕成片状备用。

02.

砂锅或其他耐高温的锅内放入1000毫升沸水，放入泡发的银耳、山药、老陈皮和冰糖。

03.

用保鲜膜密封好，放入方太蒸烤箱。设置100℃，蒸75分钟。

这道老陈皮百合山药炖银耳，加入了大家常吃的时令降燥食材，再辅以清蒸的烹饪手法，还原食材本味的同时，也是秋冬降燥、节后消食的最佳吃食之一。

04.

蒸好后取出，加入红枣、百合、枸杞。

05.

再次密封，放回方太蒸烤箱，设置100℃，蒸15分钟。

06.

烹饪结束后取出，盛入小碗即可享用。

2024 上海米其林二星餐厅　喜粤 8 号 ❀❀

蜜汁烤叉烧

⏱ 50分钟
👨‍🍳 2人份

主料

猪五花肉两条（约2指厚，900克）

调料

叉烧酱1瓶（约240克）、细砂糖600克、盐
100克、老抽20毫升、蜂蜜50克

辅料

木瓜块1000克、菠萝块1000克、鸡蛋2个

Tips:

腌制五花肉的酱料，可以再次用来腌制鸡翅，腌
制时将食材正反面各划开几刀，可以让食材更加
入味。

扫码查看菜肴视频

操作
步骤

01.

五花肉放入碗中，加入木瓜块、菠萝块、鸡蛋、叉烧酱、细砂糖、盐和老抽，搅拌均匀。腌制30分钟，每15分钟搅拌一次，使食材均匀入味。

02.

烤盘上包裹两层锡纸（方便使用后清洗），将腌料中的木瓜碎和菠萝碎捞出，平铺在烤盘上，再将腌制好的五花肉平铺在上边。

03.

将烤盘放入方太烤箱，选择"烤"功能，选择脱脂烤，设置230℃，20分钟。

蜜汁烤叉烧是一道健康经典粤菜，鲜嫩多汁，可以轻松让大家实现"在家叉烧自由"。

04.

取出烤盘，将五花肉翻面，将烤盘中的油脂及木瓜碎、菠萝碎放到肉上面。再放入方太烤箱，选择"烤"功能，"脱脂烤"模式，设置230℃15分钟。

05.

烤盘取出，在五花肉上涂蜂蜜后，再放入烤箱。选择"烤"功能，"脱脂烤"模式，设置230℃15分钟。

06.

取出后，剪去烧焦的部分，其余五花肉切一指宽，摆盘即可。

苹果凤梨酥

🕐 100分钟
👨‍🍳 4人份

主料

净菠萝1600克、苹果丁500克，低筋面粉600克、黄油390克

调料

冰糖100克、麦芽糖100克、糖浆120克

辅料

鸡蛋2个、吉士粉80克

Tips:

1. 如家中没有合适的模具，将包好的面团揉成圆形即可。
2. 此款点心热食、冷食均可。烤出来的一次吃不完，可放入冰箱冷藏，下次食用。

扫码查看菜肴视频

**操作
步骤**

01.

将菠萝里层的心跟外层的肉分别切丁，分开摆放，总重量1600克。苹果去皮、去核、切丁，总重500克。

02.

将菠萝内心放入破壁机，打碎至看不到大块颗粒状态。随即放入菠萝肉，启动破壁机，打至出汁水，可以看到小颗粒即可。使用过滤筛或者纱布将果肉与果汁分离。

03.

将过滤出来的菠萝汁煮沸、去掉浮沫，煮至总量的一半。

04.

将过滤好的菠萝渣、苹果丁、冰糖、麦芽糖和煮过的菠萝汁放在一起，搅拌均匀。

内馅糯软，兼具菠萝的酸甜和苹果的脆爽，饼皮酥而不脆，一口下肚，唇齿留香。

05.

锅中放入黄油25克，用中火档将黄油融化后，倒入混合好的果肉，中火翻炒约60分钟，待汁水冒泡，再加入25克黄油，炒至水分收干即可。取出，盖上保鲜膜，放入冰箱冷藏备用。

06.

在无水无油的盆中，依次放入低筋面粉、吉士粉、鸡蛋、糖浆和340克黄油，揉成均匀的面团，搓成条，切成约20克的段。炒好的馅料也分成20克的小份。

07.

取出冷藏的馅料。将面团摊开，包住馅料。将包好的面团放入模具，压紧后挤出。

08.

将成形的面团依次放入烤盘，放入烤箱中层，选择"烤"功能，再选"上下火"模式，设置200℃15分钟，烹饪结束即可享用。

鲜虾蒜蓉粉丝蒸广东丝瓜

🕐 50分钟
👨‍🍳 2人份

主料

基围虾12只、广东丝瓜2条（750克）

辅料

龙口粉丝50克、大蒜100克、食用油20毫升

调料

精盐5克、白糖5克、鸡精5克、蒸鱼豉油40毫升

Tips:

1. 用此方法调制的蒜蓉，亦可用来蒸别的食材，
   如扇贝，生蚝等。

2. 如果平时用蒸鱼豉油比较多，可以自己调制
   一款蒸鱼豉油。

配方：市售蒸鱼豉油25毫升，金标生抽25毫升，
美极酱油15毫升，冰糖10克，老抽10毫升，鸡粉
25克，纯净水540毫升。

扫码查看菜肴视频

操作
步骤

01.

制作蒜蓉：将大蒜剁成蒜末，放入盐、糖、鸡精和食用油，搅拌均匀待用。

02.

将粉丝用热水泡软，捞出沥干备用。

03.

将丝瓜洗净削皮，直刀切成约5厘米高的段，将切好的丝瓜段其中一端挖成杯状，用来盛放粉丝。

04.

将基围虾洗净，去虾头、虾壳，仅保留虾尾部外壳，取出虾线，在虾背处开一刀，备用。

鲜虾蒜蓉粉丝蒸丝瓜是一道老少皆宜的健康家常菜，操作简单，将蒜蓉的香和虾的鲜完美融合，非常适合宴客。

05.

将挖好的丝瓜杯放入沸水锅中，焯10秒钟后取出，放入冷水中降温。

06.

将粉丝塞入丝瓜杯中，再放上虾肉，尾部朝上，最后放上调好的蒜蓉。

07.

将蒸烤箱水箱加满水，并将蒸烤架放入第2层，选择"蒸"功能，选择"过温蒸"，设置120℃6分钟。

08.

烹饪结束取出后，倒出盘中积水，淋上蒸鱼豉油即可。

2024 上海米其林二星餐厅　喜粤 8 号

羊腩煲打边炉

🕐 70分钟
👨‍🍳 2人份

主料

羊腩1000克

辅料

腐乳60克、食用油25毫升、姜块100克、
马蹄肉100克、青蒜苗100克

调料

海鲜酱20克、磨豉酱15克、花生酱15毫升、
芝麻酱10克、冰片糖10克、蚝油40克、老抽
15毫升、鸡精15克、啤酒少许

Tips:

打边炉可以用此烹饪方法：在焖煮50分钟后，倒
入火锅，开小火，搭配自己喜欢的配菜，就是一
顿美味的羊腩煲打边炉啦。

扫码查看菜肴视频

操作
步骤

01.

羊腩改刀，切段。

02.

取适当容器，加入海鲜酱、磨豉酱、花生酱15克、芝麻酱、腐乳、冰片糖、蚝油、老抽和鸡精，搅拌均匀。

03.

主锅中加入食用油、姜块和羊腩，盖上锅盖，猛火煮5分钟。

羊腩是秋冬御寒和进补的重要食材品之一，这道羊腩煲加入了马蹄来中和羊腩的温补，口感更香甜的同时，也不会上火燥热。

04.

再加入调好的酱汁、啤酒和马蹄肉，盖上锅盖，转小火焖炖60分钟。

05.

出锅前放入青蒜苗。

06.

盛出，享用美食。

豉油皇乳鸽

🕐 45分钟

🍳 2人份

主料

乳鸽2只（每只约300克）

调料

海天生抽400毫升、冰糖250克、花雕酒
100毫升、老抽5毫升、芝麻油5毫升、玫瑰
露酒5毫升、蜂蜜20克、盐25克

辅料

纯净水150毫升、鲜香茅20克、鲜南姜20
克、小葱10克、香菜10克、甘草5克、八角
3粒、香叶3片、小茴香5克、桂皮5克、
干沙姜5克

Tips:

豉油皇汁可以多次使用，用同样的方法煮鸡翅
15～20分钟，煮鱿鱼6分钟即可。

扫码查看菜肴视频

操作
步骤

01.

制作豉油皇汁，在锅中先注入150毫升纯净水，然后依次将除蜂蜜以外的辅料和调味料倒入锅中。大火烧煮7分钟，关火备用。

02.

将乳鸽胸腹朝下，放入烧好的酱汁中，大火煮25分钟。

03.

把乳鸽翻身，背部朝下，大火煮5分钟。

民间素有"一鸽胜九鸡"之说，这道豉油皇乳鸽在兼顾健康营养的同时增加了独特的风味。

04.

烹饪结束，捞出乳鸽。

05.

将乳鸽切件，摆盘。

06.

在乳鸽表面刷上蜂蜜，即可享用。

耐得住寂寞
成就創新

主厨：李　伟

2024 上海米其林二星餐厅　吉品轩 ❀❀

我是李伟，一名从业23年的专业厨师，带领吉品轩厨师团队摘得米其林二星，并将这个荣誉保持了五年。

每天我到店后第一件事，就是抽查食材、检查菜品，确保客人每次尝到的菜肴，拥有始终如一的品质。粤菜的精髓在于体现食物本身的风味，新鲜的食材是成就一道好菜的基础前提，对食材的耐心处理，能最大程度发挥它应有的口感和味道，为菜肴加分。所以，为确保菜肴品质，吉品轩主要食材均从广东空运至上海。对于我经手的每一道菜，大到货源选择，小到食材处理，我都要坚持每天亲自检查，严格把控食材品质。

手艺工作者，向来最看重结果。一道菜，哪怕已经做了一百遍，在做第一百零一遍时，也依然要百分百用心对待。铭记初心，让我不满足于现状，反复调试菜肴的最佳烹饪时间和火候，让菜品的口味达到极致。

米其林餐厅主厨最引以为傲的时刻，不是"首次"，而是"蝉联"。对想要获得米其林称号的餐厅而言，每一天都是考核，每一位顾客都是考官，而能荣获米其林二星餐厅的荣誉，并成功蝉联四年，吉品轩靠的绝不是运气，而是沉淀数年的实力。我们处理食材格外讲究，XO酱西芹爆大虾球（见P118），必须选用优质的大颗南美青虾仁，并在腌制后用流水冲洗60分钟以上，这两道步骤虽然繁琐费力，却能最大程度地保证虾仁的弹牙口感，并去除虾仁的海腥味。

常有人讨论，米其林星级餐厅和市井小店，到底哪个更好吃？我认为两者各有风味，市井小店代表了一座城市的老味道，但米其林之所以为米其林，在于它不满足于传承，始终在创新，用人们最熟悉的食材，搭配成美味又富有新意的菜品。比如陈皮肉饼蒸膏蟹（见P90），使用的都是日常易买的食材，加入陈皮中和这道菜本身的油腻感，又能带来诱人的清香，美味不腻味。

但吉品轩并不满足于菜品的新意，我们也推出了"粤式位上套膳"的理念。博大精深的传统粤菜一直以来深受西餐饮食文化的影响，而近十年间演化而来的粤式位上套膳加重了西餐食材的选用，在保留传统风味和技法的同时巧妙地融入新派元素，在摆盘和呈现方式上加入了摩登的美学趣味，口感更偏轻盈、健康，更受现代都市人和老饕喜爱。该理念一举打破了"一两人吃粤菜时不好点菜"的现状，推动了粤菜国际化的趋势。

好的菜品需要时间和汗水浇灌，尤其是对厨房新手而言，烹饪不简单。厨房科技化与智能化是一场必然的趋势，对忙碌的现代家庭来说，能省时、省事又高效品尝到美食，比什么都重要。方太集成烹饪中心X20系列，用智慧科技，轻松还原米其林餐厅的美味。

为了让米其林星级美食走进更多的家庭，我精选了吉品轩的8道经典菜式，将适合家庭烹饪的做法呈现在本书中。我希望能借助方太智能厨房电器，让米其林餐厅美食不再遥不可及，让大家都能从生活中感受厨电智能化的美好力量；让人生的边界在探索的过程中不断拓展，让平凡的生活变得不再平凡。这种小小的、确信的、充满烟火气的幸福，便是一个家庭最好的样子。

2024 上海米其林二星餐厅　吉品轩

陈皮肉饼
蒸膏蟹

🕐 18分钟
👨‍🍳 3人份

主料

青蟹500克、猪五花肉150克、基围虾肉130克

辅料

冬菇1个、马蹄2个、陈皮5克（泡水切丝）、淀粉8克、食用油30毫升、葱花20克、姜丝3克、猪肥膘20克、小苏打1克

调料

盐2克、白糖2克、蚝油4克、老抽2毫升、胡椒粉2克、芝麻油3毫升、生抽10毫升、鸡粉1克

Tips:

五花肉可先冷冻一会儿，切颗粒更方便。

扫码查看菜肴视频

01.

五花肉去皮，切成5毫米见方的肉丁；虾肉用肉锤打散成虾胶备用；青蟹用刀身拍裂蟹钳，掀开蟹壳，去鳃后切成六块，备用。冬菇和马蹄切丁。

02.

大碗中加入虾胶、猪肥膘、鸡粉，1克白糖，1克盐，小苏打，1毫升芝麻油，1克胡椒粉和5克淀粉，沿顺时针方向搅匀。

03.

另取一碗，放入五花肉粒、1克盐、1克白糖，再加入蚝油、老抽、1克胡椒粉、2毫升芝麻油、3克淀粉、冬菇丁、马蹄丁、陈皮丝和搅拌好的虾胶，顺时针搅拌至上劲。

04.

将搅拌好的虾胶肉馅放入盘中，铺成肉饼，放上姜丝备用。

青蟹和虾已是至鲜的食材，再融合上猪肉、冬菇和陈皮的鲜香滋味，可谓鲜上加鲜。

05.

将蟹块均匀地铺在肉饼上，将壳盖在蟹块上面。

06.

将水箱加满水、装有食材的盘子放在蒸烤架上，打开方太蒸烤箱，将蒸烤架放入第2层。选择"普通蒸"模式，设置100℃，10分钟。

07.

烹饪结束后取出，将生抽淋入肉饼。

08.

用热油将葱花泼成葱花油，均匀淋在膏蟹肉饼上即可。

黑松露酱炒
芦笋淮山百合

🕐 21分钟

👨‍🍳 3人份

主料

绿芦笋100克、细铁棍淮山药120克

辅料

新鲜百合2头、红黄彩椒条各1只、葱白末3克、干葱末3克、食用油420毫升（橄榄油亦可）

调料

黑松露酱10克、黑松露油5毫升、盐21克、鸡粉25克、白糖10克

扫码查看菜肴视频

Tips：

铁棍山药去皮时碰触皮肤容易引起瘙痒，建议戴手套操作。

操作
步骤

01.

铁棍山药去皮，用刨刀刨成直径约1厘米的圆柱形，切段（约5厘米长）；红黄彩椒切条（长5厘米，宽0.8厘米），各取10克备用；芦笋去皮，切成5厘米长的段备用。

02.

新鲜百合切去两头，取30克大片，清洗干净待用。

03.

打开燃气灶，开大火，锅中放入100毫升食用油，烧热到150℃，下入百合、彩椒条滑油5秒钟，然后盛出分开放置备用。

04.

同一个锅中再加入300毫升食用油，加热到150℃，倒入淮山药，炸10秒，盛出，备用。

芦笋、淮山和百合都是富有营养且口味清淡的蔬菜，平时就是餐桌上的常客。加入黑松露，让清淡中更富有层次感。

05.

净锅中加入500毫升清水、20克盐、20克鸡粉、白糖、10毫升食用油，大火煮至沸腾后加入淮山药，煮1分30秒，再下入芦笋，煮30秒后出锅，沥水备用。

06.

大火热锅，加入10毫升食用油，下入葱白末和干葱末，煸炒15秒。

07.

加入彩椒条、淮山药、芦笋、1克盐、5克鸡粉和黑松露酱，翻炒30秒，即可关火。

08.

烹饪结束后盛出，淋上黑松露油即可享用。

2024 上海米其林二星餐厅　吉品轩 ❀❀

金蒜银丝蒸鲜鲍鱼

🕐 24分钟
👨‍🍳 3人份

主料

大连鲜活鲍鱼6只、龙口粉丝80克

调料

蒸鱼豉油10毫升

辅料

小葱葱花25克、金针菇75克
金银蒜酱75克（制作需使用：鲜蒜蓉300克、红尖椒粒15克、食用油1000毫升、盐3克、味精14克、鸡粉8克、糖5克）

Tips：

1. 鲜鲍鱼不能蒸制时间太长，否则口感会很老，很硬。

2. 蒸鱼豉油也可以用自制的海鲜酱油等量替代。
海鲜酱油制作配方：
将原味辣鲜露10毫升、鱼露13毫升、黄冰糖15克、生抽15毫升、纯净水180毫升、鸡粉5克、老抽2毫升、香菜1根（去叶子）放入大碗内，拌匀调好后，将冰糖蒸化即可。

扫码查看菜肴视频

操作
步骤

01.

制作金银蒜酱：锅中加入食用油烧至150℃，下入150克鲜蒜蓉，小火炸至金黄色捞出，过滤，分成炸蒜蓉和蒜蓉油备用。

02.

锅中加入炸蒜蓉油，加热至180℃，放入剩余鲜蒜蓉，小火炸1分钟左右，关火后加入红尖椒粒、味精、鸡粉、糖、盐和炸蒜蓉，拌匀即可盛出。

03.

龙口粉丝用温水泡软，剪成小段。金针菇用热水烫好备用。

04.

把处理干净的鲍鱼划上十字花刀。

自制的金银蒜酱香味浓郁，搭配精选的大连鲜活鲍鱼，一同蒸制后鲜香四溢，让人食指大动。

05.

在粉丝和金针菇中加入金银蒜酱，拌匀后垫入鲍鱼壳中。

06.

鲍鱼加入金银蒜酱拌匀，摆放在鲍鱼壳上。

07.

将盘子置于蒸烤架上，将水箱加满水并将蒸烤架放入方太蒸烤箱第2层，选择"蒸"功能，选择"普通蒸"，设置100℃，6分钟。

08.

烹饪结束后，取出食材，撒上葱花，淋上热油，最后在鲍鱼和粉丝上淋上蒸鱼豉油即可。

2024 上海米其林二星餐厅　吉品轩

青花椒甘树子蒸石斑鱼

🕐 25分钟
👨‍🍳 4人份

主料

东星斑1条（900～1000克）

调料

青花椒油50毫升、辣鲜露10毫升、鱼露13毫升、黄冰糖15克、生抽15毫升、盐1克、鸡粉5.5克、白砂糖0.5克、老抽2毫升

辅料

鸡蛋清10克、淀粉3克、食用油55毫升、花生油200毫升、青花椒粒130克、香菜1根、大葱50克、泡野山椒4个、青花椒朵3朵、甘树子10粒、杭椒1根、美人椒1根、纯净水180毫升

Tips：

鱼处理时可以提前放血，鱼肉会更洁白。

扫码查看菜肴视频

操作
步骤

01.

打开燃气灶，开小火，小锅中加入花生油、50毫升食用油和青花椒油，下入80克青花椒粒炸干（约5分钟），过滤掉炸好的青花椒，留油备用。

02.

用刀把50克青花椒拍裂开，放在小碗里，加入辣鲜露、鱼露、黄冰糖、生抽、纯净水、5克鸡粉、老抽和香菜，调好后制成青花椒酱油备用。

03.

东星斑洗净，去掉鱼头鱼尾，将鱼头劈成两半，将鱼切开背部，取出中骨，两片鱼肉都斜切成5块。

04.

鱼肉加入盐、0.5克鸡粉、白砂糖，抓匀，再放入蛋清抓匀，接着放入淀粉抓匀，最后放入5毫升食用油，拌匀待用。

清蒸而出的石斑是"老广"的味道，而来自四川的泡椒和花椒更给这道菜肴添加了不同的风味。

05.

将大葱切成细丝，将美人椒、杭椒、泡野山椒洗净，切成1厘米小段备用。

06.

将石斑鱼摆入鱼盘中，在鱼身上摆三朵青花椒，将鱼盘和青花椒酱油一起放在蒸烤架上。

07.

将水箱加满水，蒸烤架放入方太蒸烤箱2层，选择"普通蒸"模式，设置100℃，5分钟。烹饪结束后取出鱼盘，倒出盘中水分。

08.

将备用的葱丝放在鱼肉中间，淋上热青花椒油。将杭椒段、泡椒段、美人椒段倒入有剩余青花椒油的锅中爆香，均匀铺在鱼身上。撒上甘树子，最后倒入蒸热的青花椒酱油即可。

冰花炖官燕

主料

官燕盏1盏（约5克）

辅料

枸杞1粒、矿泉水329毫升

调料

黄冰糖16克

Tips:

1. 用官燕可以达到较佳口感。

2. 该菜谱为一人份燕窝，如需一次蒸制多份，原材料可按倍数增加，每盏燕窝用一个小炖盅蒸制即可。

扫码查看菜肴视频

操作
步骤

01.

碗中放入官燕盏，加入200毫升矿泉水，盖上保鲜膜后放入冰箱，冷藏24小时。

02.

将冷藏好的燕窝取出，撕成小条，换水后再浸泡24小时，去除杂质，洗净，控水，备用。

03.

锅中加入黄冰糖和129毫升矿泉水，大火挡煮至冰糖溶化后，放凉备用。

燕窝自古以来就是著名的滋补佳品，上好的官燕用简单的烹饪方法，就得到最纯正的冰花炖官燕。

04.

取出发好的燕窝，吸干水分，称取50克放入碗中，加入枸杞和45毫升冰糖水，盖上一层保鲜膜，放置在蒸烤架上。

05.

将蒸烤架放入方太蒸烤箱第二层，选择"普通蒸"模式，设置100℃，8分钟。

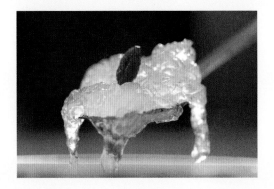

06.

烹饪结束，取出即可享用。

石斛洋参炖响螺汤

主料

鸡爪6只、猪展肉350克、老母鸡750克

调料

盐9克、味精3克、白糖4克

辅料

红枣2粒、枸杞15粒、干虫草花30条、80头干瑶柱1粒、响螺4只、干石斛10克、西洋参片8～10片、白胡椒粒6粒、纯净水1200毫升

Tips:

响螺可以用干制的响螺片替代，香味更加浓郁。

扫码查看菜肴视频

操作
步骤

01.

响螺洗净，取出螺肉，用刀片成约2毫米的薄片。

02.

锅中加入足量清水，打开燃气灶，大火将水煮沸后，下入响螺片焯水。

03.

将猪展肉和老母鸡分别切成3~4厘米见方的块。

04.

锅中加足量清水，方太燃气灶开大火，将猪肉块、鸡肉块和鸡爪焯水后捞出，沥干，备用。

这道石斛洋参炖响螺汤，以蒸代煮，肉质更为鲜美，搭配石斛、西洋参和响螺，一开锅就有浓郁的香味扑面而来。

05.

将猪展肉和鸡肉装入炖盅，盖上响螺片。

06.

加入红枣、枸杞、干虫草花、干瑶柱、干石斛、西洋参片、白胡椒粒、盐、味精和白糖，最后加入纯净水，将炖盅放置在蒸烤架上。

07.

将水箱加满水，并将蒸烤架放入方太蒸烤箱第2层，选择"普通蒸"模式，设置100℃，330分钟，中途需要添2次纯净水。

08.

烹饪结束，取出即可享用。

2024 上海米其林二星餐厅　吉品轩

酥皮蛋挞

🕐 20分钟
👨‍🍳 3人份

主料

蛋挞皮6个（市售）、鸡蛋7个

辅料

淡奶油200毫升、纯净水500毫升（50℃）

调料

白砂糖150克

Tips：

1. 6个起做为佳，取蛋挞时需戴好防烫手套。

2. 注意，让白糖溶化的水温需要达到50℃。

扫码查看菜肴视频

01.

鸡蛋打散后，加入淡奶油，搅拌均匀。

02.

另取一碗，倒入白砂糖，加入50℃的
纯净水搅拌至溶化。

03.

将糖水倒入鸡蛋液中，搅拌均匀，制成
蛋挞液。

蛋挞是广受大家欢迎的甜品，这道酥皮蛋挞不但香甜可口，比起一般的蛋挞还更为酥脆。

04.

将搅拌好的蛋挞液过筛备用。

05.

将蛋挞皮放置在烤盘上，倒入蛋挞液至9分满。

06.

打开方太蒸烤箱，选择"上下火"模式，设置220℃，13分钟，预热后将烤盘放入烹饪中心第2层，烹饪结束即可享用。

2024 上海米其林二星餐厅 吉品轩 ❀❀

XO酱西芹爆大虾球

⏱ 20分钟
👨‍🍳 2人份

主料

青虾仁8粒（16～20型号）、西芹120克

调味料

XO酱15克、盐35克、鸡粉19克、糖10克

辅料

红彩椒块15克、黄彩椒块10克、小葱白段10克、干葱末3克、蒜蓉3克、水淀粉5毫升、食用油50毫升、小苏打11克、水1200毫升、淀粉6克、蛋清10克

Tips:

虾仁腌制时间较长，可提前准备好。

扫码查看菜肴视频

操作
步骤

01.

青虾仁解冻后开背（5毫米深度），放入碗中，再加入10克小苏打、18克盐，最后加入200毫升水化开，腌制120分钟。

02.

腌制完成后，用清水冲洗干净，加入1克盐、1克鸡粉、1克小苏打和蛋清，搅拌均匀，再加入淀粉，淋上20毫升食用油，封面备用。

03.

西芹洗净去皮后，切成4厘米长、1厘米宽的条。

04.

腌好的虾球用1000毫升开水烫30秒。

选用的青虾仁个大、有弹性，搭配爽脆的西芹，辅以XO酱，更是鲜上加鲜。

05.

不粘锅热锅后，加入10毫升食用油，倒入虾球，煎20秒，盛出备用。

06.

锅中加入1000毫升开水，大火烧煮，加入15克盐，15克鸡粉，10克糖和10毫升食用油，水沸后，分别汆烫西芹15秒、彩椒块5秒，捞出后沥水备用。

07.

另起一锅，大火烧热，加入10毫升食用油，下入干葱末、蒜蓉和XO酱，翻炒15秒，再加入虾球、彩椒和西芹、1克盐、3克鸡粉和水淀粉，翻炒30秒。

08.

烹饪结束，出锅即可享用。

回归料理本质
简单极致有力量

主厨：安德烈亚·科菲尼（Andrea Confini）

2022 上海米其林二星餐厅　乔尔·卢布松美食坊（L'Atelier de Joël Robuchon）✱✱

我很荣幸，能成为上海米其林二星餐厅乔尔·卢布松美食坊的行政主厨。

20世纪80年代，法国料理的关键词依然是古典、厚重。食客们必须穿着礼服正装，才能坐在摆盘精致的桌前，以滴水不漏的用餐礼仪，享用预定好的美味套餐。卢布松打破常规，将开放式厨房移到了环形座位中间，同时省去了对着装的要求，无论是精致的西装礼服，还是舒适的休闲便装，只要你热爱美食，无须预约，即可落座。

与此同时，作为厨师的我们不再是后厨流水线上的一环，而是备受瞩目的主角。餐厅的氛围不再是优雅严肃的，而是像酒吧一样轻松愉快。食客与美食，也因此有了更深层的链接。不再追求形式的繁复，而是回归料理本身的味道。

但极致的简单，并不意味着轻松，而是意味着超乎想象的自律。我很喜欢在餐厅工作，但这也意味着我必须做出牺牲，不能花太多时间陪伴家人和朋友。如果不自律，我将很难做到这一点。

同时，自律也意味着对佳肴口味的极致追求。一位好厨师该做的，不是让蘑菇尝起来像胡萝卜，而是让蘑菇的味道尽可能像蘑菇。与其堆叠调料，不如还原高品质食材原本的味道。然而，使用的调料越少，对比例的控制就必须更精准严格，必须经过无数次试验，才能调和出最佳风味。

比如蘑菇菠菜意大利饭，虽然调味料只有盐、黑胡椒粉、白葡萄酒和热鸡汤，但仍是经过千百次尝试得出的最佳比例，最大限度凸显食材的本味。在这种精益求精的精神中，我们才得以一次又一次地突破美食的边界，在创新—改良—创新的循环中，在食客的赞叹声中，被征服、被感动。

如今，智能烹饪美食革命的浪潮，正在涌入每一个人的生活。不需要走进餐厅，便能在方太智能厨电的协助下，轻轻松松为自己和家人做一顿正宗的法国和意大利料理，这将让我们与家人共同度过更多的美好时光。

无论是精心准备，还是一时兴起；无论是简单寻常的一日三餐，还是隆重的节日宴请，方太智能烹饪厨电打破了地理国界、历史文化、烹饪技术的局限，让我们都能更轻易地获取幸福，又让幸福更余韵悠长。

我精选了8道招牌菜式，让大家轻松享受美味、健康和烹饪的乐趣。越简单，越极致；越极致，越有力量。科技与美食，美食与人生，总能相辅相成。每一次突破，都是对生活的最佳注脚。

2022 上海米其林二星餐厅　乔尔·卢布松美食坊

地中海风味
纸包鳕鱼

🕐 25分钟
👨‍🍳 2人份

主料

银鳕鱼120克、蛤蜊100克

调料

盐适量、黑胡椒粉适量、七味粉适量、柠檬汁适量

辅料

红洋葱15克、大蒜5克、小米椒2克、青柠叶1片、油浸番茄干15克、黑橄榄15克、樱桃番茄50克、罗勒叶4片、意大利芹2片、百里香2支、水瓜榴8克、柠檬片1片、橄榄油30毫升、白葡萄酒15毫升

Tips:

这道菜中的鳕鱼也可以换成三文鱼等食材。

扫码查看菜肴视频

127

操作
步骤

01.

将红洋葱洗净切丝，小米椒洗净去籽，
樱桃番茄和大蒜洗净，切成两半，橄榄
切成两半。意大利芹切碎备用。

02.

取一张烘焙纸，将蛤蜊铺在最底层，把
辅料中除意大利芹、罗勒叶和橄榄油以
外的所有配料混合在一起，浇在上面。

03.

将鳕鱼用适量的盐和黑胡椒粉腌制一
下，然后摆放在蛤蜊上面，淋入橄榄油。

用蛤蜊和鳕鱼为主料，再搭配丰富营养的佐料调味，是健康、简单、清淡以及富含营养的菜肴。

04.

用烘焙纸包住烤盘中食材，再折成口袋的形状。

05.

打开蒸烤箱，选择"普通蒸"模式，设置100℃，15分钟，点击开始烹饪。

06.

取出并打开纸袋，挤入适量的柠檬汁，放入意大利芹碎、罗勒叶、橄榄油和七味粉，即可享用。

2022 上海米其林二星餐厅　乔尔·卢布松美食坊　❋❋

法式千层土豆

🕐 60分钟
👨‍🍳 5人份

主料

红皮土豆500克

辅料

奶油300毫升、牛奶200毫升、大蒜碎15克、百里香2支、月桂叶1片

调料

黑胡椒碎5克、帕玛森奶酪粉25g、肉豆蔻粉适量、黄油15克、盐4克

Tips:

1. 土豆片可使用刨片刀刨成薄片。
2. 切记勿将土豆片存放于水中。

扫码查看菜肴视频

操作
步骤

01.

将奶油和牛奶倒入一个大的炖锅中，放入大蒜碎、月桂叶、百里香、肉豆蔻粉、黑胡椒碎和盐，煮沸一次，离火静置5分钟后过滤，再把混合液体倒进炖锅中备用。

02.

土豆去皮，切成两三毫米厚的片。将土豆片加入步骤1的混合液体中，小火加热并搅拌，以防止粘底。

03.

当土豆片微微变软时离火，把土豆片平铺放入浅的烤盘中，需要层层叠在一起压实，倒入混合液体，刚好盖住土豆片即可。

法式千层土豆是一道经典的法式西餐配菜，整道菜奶香四溢，外脆内软。

04.

打开方太蒸烤箱，选择"烤"功能，"全开烤"模式，设置180℃，40分钟，预热时将黄油切小丁，放于土豆表面。烤盘包上锡纸，放入预热好的烤箱内。

05.

烤20分钟后取出，去除锡纸，撒上帕马森奶酪粉，继续烤20分钟，直到表面呈金黄色。

06.

从烤箱中取出，放凉至室温即可享用。

2022 上海米其林二星餐厅　乔尔·卢布松美食坊 ❀❀

珐琅锅嫩烤鸡肉

⏱ 50分钟
👨‍🍳 4人份

主料

三黄鸡1200克、番茄850克

调料

橄榄油50毫升、白葡萄酒100毫升、意大利芹碎适量、盐适量、黑胡椒粉适量

辅料

红洋葱150克、白洋葱150克、红彩椒400克、黄彩椒450克、香叶2片、罗勒叶5克、番茄膏50克、乡村面包适量

Tips:

1. 菜品静置一会儿可以让味道达到最佳状态。
2. 这道菜最好使用珐琅锅，食材锁水效果显著。

扫码查看菜肴视频

操作
步骤

01.

三黄鸡洗净切大块，洋葱切丝，番茄与
彩椒切成3厘米见方的块备用。

02.

珐琅锅明火加热，加入橄榄油与鸡块，
煎至两面金黄。

03.

加入洋葱炒至微软，后加入番茄膏，炒
熟后烹入白葡萄酒，之后加入番茄、
盐、黑胡椒粉、香叶，搅拌均匀。

这道珐琅锅嫩烤鸡肉是一道经典的巴斯克风味菜肴。先煎后烤，并加入很多风味香料，让整道菜品口感和香气更为丰富。

04.

打开蒸烤箱，选择"全开烤"模式，设置220℃，25分钟，预热时在食材表面平铺上彩椒，淋上橄榄油。

05.

珐琅锅加盖，整体放入预热好的烤箱中。烤制结束后，揭开锅盖，再烤20分钟左右，直至彩椒表面微微上色。

06.

取出，放至室温下，加入罗勒叶。盖上锅盖，静置20分钟。打开锅盖，搅拌均匀。盛盘，用罗勒与意大利芹碎点缀，搭配面包一起食用。

2022 上海米其林二星餐厅 乔尔·卢布松美食坊 ❋❋

红酒烩牛肉

🕐 4小时
👨‍🍳 4~6人份

主料

牛肩肉或牛腩800克

调料

红葡萄酒600毫升、波特酒300毫升、橄榄油适量、黄油100克、盐适量

辅料

鸡汤800毫升、胡萝卜50克、西芹50克、洋葱50克、百里香5克、月桂叶1片、杜松果5颗、面粉30克、胡椒粉适量

Tips:

1. 牛肉汤汁可以过滤后再放入锅中，让汤汁煮至想要的浓稠度。

2. 装盘时可以搭配土豆泥、蔬菜等。

扫码查看菜肴视频

扫码查看菜肴视频

139

操作
步骤

01.

烤箱预热至150℃，牛肉洗净控干后，切成4~5厘米见
方的块备用，蔬菜切成2厘米见方的小块备用。

02.

混合红葡萄酒与波特酒煮沸，让酒精挥发，备用。

03.

平底锅中放入面粉，小火炒熟，备用。

04.

珐琅锅明火加热，加入橄榄油与牛肉，牛肉煎至金黄
色后加入黄油增香。可适量加盐和胡椒粉。

红酒烩牛肉是一道法国勃艮第的经典名菜，要做得地道美味，关键就在于选择肉质丰满的牛肩胛或者牛腩，再搭配丰富的佐料，和一瓶不错的红酒，便能获得充分激发味蕾的新体验。

05.

将牛肉盛出后，锅中留少量油，加入小块的蔬菜，小火炒软。

06.

再把牛肉放回锅中，撒入炒熟的面粉，搅拌均匀，加入步骤2中的酒、鸡汤和香料，煮沸。

07.

步骤6的食材加盖，放入蒸烤箱中，150℃烤2.5小时，取出后在室温下静置30～60分钟。

08.

取出牛肉摆入盘中，再将汤汁淋在牛肉上即可。

2022 上海米其林二星餐厅　乔尔·卢布松美食坊 ❋❋

焦糖布丁

🍴 4人份

主料

鸡蛋75克

调料

糖85克

辅料

水15毫升、牛奶175毫升、奶油75克、香草荚1/3根

Tips:

1. 烤盘中的水可以用45℃左右的水，烤制出来的布丁更为嫩滑。

2. 煮制焦糖时不要用勺子搅动，轻微晃动即可，搅动易使白糖出现反沙，影响布丁口感。

扫码查看菜肴视频

143

01.

取45克的糖和水混合，低温小火熬制成琥珀色的焦糖。

02.

将熬好的焦糖倒入布丁模具中冷却备用。

03.

取40克的糖，与鸡蛋一起用打蛋器搅拌均匀。

04.

把牛奶、奶油和香草荚放入锅中，小火微微煮开。

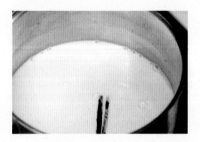

经典又美味的焦糖布丁，非常适合作为家庭宴会的点睛之笔。

05.

缓慢加入步骤3的混合物中，搅拌均匀。

06.

用过滤网过滤步骤5的液体备用。

07.

把适量过滤后的液体倒入步骤2的布丁模具中，放入有凹槽的烤盘中，在烤盘中加入清水（清水的量和模具里的布丁同等高度），放入方太蒸烤箱中层。选择"烤"模式，再选择"上下火"，设置145℃，20分钟。

08.

烹饪结束后取出，放凉，冷却，脱模后即可享用。

蘑菇菠菜
意大利饭

🕐 32分钟
👨‍🍳 4人份

主料

意大利米200克、白蘑菇丁200克、菠菜叶100克

辅料

大蒜3克、意大利芹5克、红葱头碎40克

调料

橄榄油20毫升、白葡萄酒40毫升、鸡汤550毫升、黄油40克、帕玛森奶酪40克、盐和黑胡椒粉各适量

Tips:

意大利米更有韧性，也更具意式风味。

扫码查看菜看视频

操作
步骤

01.

小火热锅，加入橄榄油和红葱头碎煸炒
3分钟。

02.

加入白蘑菇丁，中火炒5分钟，倒出
备用。

03.

小火热锅，不放油，加入意大利米，炒
3分钟后加入白葡萄酒，炒1分钟。

蘑菇菠菜意大利饭是一款意大利北部经典的调味饭，蘑菇和菠菜的
香气和米饭融合，鲜香味美。

04.

加入煮开的鸡汤，步骤2的蘑菇、菠菜
叶、盐和黑胡椒粉小火煮18分钟。

05.

将大蒜和意大利芹切碎后，加入锅中，
关火休息2分钟。

06.

加入黄油和帕玛森奶酪调味，即可出锅
享用。也可用蘑菇片、菠菜叶和帕玛森
奶酪片点缀。

2022 上海米其林二星餐厅　乔尔·卢布松美食坊

香蕉大理石蛋糕

🕐 35分钟

👨‍🍳 4人份

主料

香蕉160克、鸡蛋75克

辅料

糖粉100克、泡打粉2.5克、小苏打1克、黄油90克、低筋面粉65克、高筋面粉40克

调料

白糖20克、可可粉10克

Tips:

1. 香蕉选成熟度高的，可以最大程度发挥香味。

2. 香蕉煎成焦黄色后，成品更具有蕉香风味。

扫码查看菜肴视频

操作
步骤

01.

小火将香蕉煎成两面焦黄。

02.

混合除可可粉以外所有的粉状物，然后
加入鸡蛋和加热的黄油，搅匀，再加入
煎好的香蕉，搅拌均匀，备用。

03.

取1/3步骤2的混合物，加入可可粉，搅
拌均匀，倒入蛋糕模具。

香蕉大理石蛋糕是一款很适合和家人一起品尝的下午茶和早餐。浓香醇厚的巧克力味和香甜的香蕉味搭配在一起，再勾勒出漂亮的大理石花纹，色香味俱佳。

04.

倒入步骤2剩余的混合物，用针在模具中随意划出大理石纹路。

05.

放入方太蒸烤箱。选择"烤"，再选"上下火"，155℃，30分钟。

06.

烹饪结束后取出，脱模，放凉切片即可享用。

2022 上海米其林二星餐厅　乔尔·卢布松美食坊

意式肉酱面

🕐 2小时
👨‍🍳 6人份

主料

意大利细面500克、猪肉碎200克、牛肉碎400克

辅料

黄油90克、帕玛森奶酪粉120克、意式烟熏肉70克、西芹30克、胡萝卜30克、白洋葱40克、罐装去皮番茄800克

调料

白葡萄酒100毫升、橄榄油50毫升、纯净水或鸡汤100毫升、盐适量、黑胡椒粉适量、白糖适量

Tips：

意大利面可以用开水煮到9分熟，再和番茄肉酱煮至全熟。

扫码查看菜肴视频

操作
步骤

01.

把西芹、洋葱、胡萝卜和意式烟熏肉用
绞肉机粉碎或用刀切成末，中火将锅烧
热后，倒入橄榄油，再倒入蔬菜肉末，
中火炒5分钟。

02.

向锅中加入猪肉碎和牛肉碎，旺火炒5
分钟后，加入白葡萄酒，旺火炒2分钟。

03.

再加入粉碎的去皮番茄和鸡汤，煮开后
转小火煨90分钟，离火静置30分钟，
制成番茄肉酱。

传统意式肉酱面是在全球意大利餐厅都很受欢迎的一道菜。

04.

烧开水，煮意大利面8~10分钟，再加入肉酱，煮1分钟，加入黄油，搅拌均匀。

05.

离火，加入帕玛森奶酪粉及其他调味料。

06.

装入盘中，可用奶酪粉和葱花点缀。

图书在版编目（CIP）数据

在家也能做的星厨料理 / 方太著. —北京：中
国轻工业出版社，2024.1
ISBN 978-7-5184-4681-0

Ⅰ.①在… Ⅱ.①方… Ⅲ.①菜谱 Ⅳ.
①TS972.12

中国国家版本馆 CIP 数据核字（2023）第 224811 号

责任编辑：杨　迪　　责任终审：劳国强　　整体设计：锋尚设计
策划编辑：张　弘　　责任校对：朱燕春　　责任监印：张　可

出版发行：中国轻工业出版社（北京鲁谷东街5号，邮编：100040）
印　　刷：北京博海升彩色印刷有限公司
经　　销：各地新华书店
版　　次：2024年1月第1版第1次印刷
开　　本：710×1000　1/16　印张：10
字　　数：200千字
书　　号：ISBN 978-7-5184-4681-0　定价：108.00元
邮购电话：010-85119873
发行电话：010-85119832　010-85119912
网　　址：http://www.chlip.com.cn
Email：club@chlip.com.cn
版权所有　侵权必究
如发现图书残缺请与我社邮购联系调换
230647S1X101ZBW